Images
of the Mind 画说心理

局部有雨，多云转晴

The Weather
Within

情绪心理学

亓毛毛 江湖边 胡杨
著绘

Psychology
of Emotions

化学工业出版社
·北京·

图书在版编目（CIP）数据

局部有雨，多云转晴 ： 情绪心理学 / 亓毛毛，江湖边，胡杨著绘. -- 北京 ： 化学工业出版社，2025. 11.

（画说心理）. -- ISBN 978-7-122-48902-9

I.B842.6-49

中国国家版本馆CIP数据核字第20250YH136号

责任编辑：王　越　赵玉欣　　　　装帧设计：尹琳琳

责任校对：李雨晴

出版发行：化学工业出版社

（北京市东城区青年湖南街13号　邮政编码100011）

印　　装：北京新华印刷有限公司

880mm×1230mm　1/32　印张$4^1/_4$　字数85千字

2026年3月北京第1版第1次印刷

购书咨询：010-64518888　　　　售后服务：010-64518899

网　　址：http://www.cip.com.cn

凡购买本书，如有缺损质量问题，本社销售中心负责调换。

定　　价：29.80元

主创

漫画文案：

漫画绘制：

创作团队

心理学漫画作者，插画师，
曾制作出版心理学漫画书
《猫和狗的生活哲学》
《这一次，让我紧紧抱住你》。

独立撰稿人，
心理学编辑。

独立执业心理咨询师，
北京师范大学临床与咨询心理学硕士，
曾任某三甲精神科医院进修心理治疗师，
心理科普创作者。

自由撰稿人，
住在海边的“I 人”。

自由撰稿人，
北京师范大学心理学部在读。

前言

对我而言，心理学是一门很令人着迷的学科，它给我的生活带来了很多切实且巨大的帮助：

- 从害怕当众演讲，到即使一边哭一边说也想试着与大家交流；
- 从情感隔离，到开始慢慢学会观察自己的身体表达与内心感受；
- 从无节制地情绪性消费，到想真正爱自己、努力为自己计划幸福的生活；
- 从与母亲整日崩溃地大吵，到愿意迈出一小步，多理解对方一点点；
- 从被职场折磨深感痛苦，到看清事情本质不再总怪自己；
- ……

心理学没有使我变得完美，但它使我变得愿意欣赏不完美的自己！同时，我变得内心更有韧性、变得更舒服、更愿意往前一点去了解更大的世界。

所以我总是迫不及待地希望它能被更多人知道。希望它同样能给我的朋友、伴侣、亲人带去些生活的慰藉，增加一个了解自己的方式。

我不间断地以漫画形式表达心理学的思维、观点、知识已有八个年头了，漫画这种承载形式让我欣喜若狂，因为它可以让文字变得生动易读，让可阅读人群变得更广泛，让心理学这门对生活有直接帮助的学科更容易被理解与接受。

所以当与温柔的编辑老师一拍即合，确定下来我们要一起做这套涵盖生活多方面主题的心理学漫画书时，我简直开心到想狂奔！

这套书中的主人公们正如生活中的我们，在不同场景下有着各种各样不同的小烦恼。也许你会在其中看到自己的影子，或者身边人的影子。如果你有类似的烦恼，并可以从这套书中收获一些启发，那真是太棒了！

不过我们也想再提醒一下：心理学可以作为理解自己和他人的工具，但我们不应据此标签化自己或他人。

下面我来向你介绍一下这套心理学漫画吧！我们通过区分生活中的不同场景，把它分为了七个不同主题。不分先后顺序，每个主题讲述10个左右生活中常见的话题。你可以选择全部阅读，也可以选择感兴趣的场景或话题单独阅读：

- 《打工人已上线：职场心理学》包含不想上班、拖延、“躺平”、心理弹性、“工具人”、渴望退休、“空心病”、愚蠢而不自知的人、中年危机、有效休息等话题；
- 《圈子中的你我他：社交心理学》包含道歉与原谅、玩手机停不下来、内向性格、边界感、朋友间的占有欲、“搭子”文化、深度支持、“拉黑”、关系质量等话题；

- 《是心动呀：亲密关系心理学》包含完美爱情、依恋模式、财务健康、情感操纵、嫉妒、“自杀式”单身、救世主情结等话题；
- 《你是什么颜色的：人格心理学》包含社交恐惧、过度依赖、自恋、完美主义、高敏感、讨好、冒名顶替综合征、表演型人格、暗黑人格、MBTI 等话题；
- 《局部有雨，多云转晴：情绪心理学》包含被动攻击、非暴力沟通、情感冷漠、情绪颗粒度、抑郁、悲伤、羞耻感等话题；
- 《快乐多少钱一斤：琐事与幸福心理学》包含与宠物相处、金钱观念、匮乏感、怀念过去、偶像“塌房”、主动熬夜、囤积、重新养育自己等话题；
- 《你的心事，心理学听得懂》关于心理学和心理咨询两大领域的概貌，包含原生家庭、心理学标签化、如何寻得合适的心理咨询师等话题。

你可以在这套漫画书中了解到：日常生活中的很多现象为什么会发生？我的朋友为什么会那样做？人和人的选择为什么差距那么大？他怎么了？我怎么了？当你希望获得心理帮助时，需要注意什么、避免什么？面对xx问题我可以怎么做？……

心理学虽不是万能的，但心理学的思维可以给生活带来很大帮助。

希望你阅读旅途愉快！生活旅途顺利！人生旅途尽兴！

心理学漫画师：亓毛毛

目录

被动攻击是怎样的体验？

• 什么是被动攻击？

被动攻击（passive-aggressive behavior）是一种隐晦地表达愤怒或敌意的方式。它可能是刻意的报复，也可能是下意识的、用来表达不满的手段。

非常严重的被动攻击倾向曾被视作一种人格障碍的类型，但目前它已经从《精神障碍诊断与统计手册》（第五版）（DSM-5）中被剔除。现在，被动攻击更多被视作一种不成熟的自我防御行为。

在现代社会，人与人之间经常不能正面表达不满，于是转向被动攻击，目的在于对他人施加负面影响。

然而，这种行为可能对自己和他人的心理健康都有害。

• 被动攻击有哪些表现？

（1）假装赞美对方的优点，实际上在暗示对方的缺点。

（2）有意将自己塑造成受害者，将对方塑造成“坏人”。

（3）故意在公开场合透露对方不愿提起的过去，提出让对方不适的问题。

（4）明明是在嘲笑对方，却假装是在开玩笑。

（5）故意忽略自己不喜欢的人，或用冷淡和轻蔑的态度回应对方。

（6）合作时故意拖泥带水，导致对方无法按时完成任务。

（7）间接表达情绪，令对方自我怀疑。

• 为什么一个人会做出“被动攻击”的行为？

1 被动攻击行为是从幼儿期开始形成的

许多研究发现，被动攻击是一种相对稳定的人格特质，可能父母有一方或双方都是被动攻击型的人，而在家庭中养成的被动攻击习惯很可能延伸到学校和职场中。除非有意识地觉察，否则不太容易改变。

2 对友善的不合理期待

一些文化环境中强调宜人性特质，教导人们不要表达攻击性。为了成为别人眼中的“好人”，必须隐藏愤怒、不满等情绪。

3 习惯压抑情绪，害怕冲突

一些被动攻击者认为，“如果我直接表达不满，事情只会更糟”。当一个人习惯性否认或压抑自己的不满时，这种情绪并不会消失，而可能通过某些隐蔽的攻击行为被释放出来。

4 权力关系不平等，无法直接表达不满

比如孩子很难对父母或老师表达不满，员工很难对领导表达不满。但当他们实施被动攻击时，就可以短暂地在关系中占据主导地位。所以这种攻击不仅在表达情绪，同时也是在宣示权力。

5 被动攻击比正面沟通容易，且伤害性更强

以直接、诚实的方式表达自己的感受是一种需要重复学习和培养的能力；但被动攻击却比较容易习得和实施。就攻击效果来说，有时阴阳怪气、故意忽视某个人，可以给对方造成更大的伤害。

● 如何改变被动攻击的习惯？

1 学会意识到自己的情绪

虽然是老生常谈的建议，但做出改变最重要的一步是：意识到情绪的存在。

当你感到剧烈的不舒服时，尝试先分辨它是什么。是被比较的自卑、被忽视的委屈，还是被否定的羞耻？给自己的情绪一个准确的名字，有助于你直面它，同时学习直接表达自己。

2 列一个清单：你平时重复使用的 10 个被动攻击手段

意识到自己正在进行被动攻击并不容易，因为人们很少审视自己的习惯，大多数时候，我们在被动攻击发生后才意识到自己刚刚干了什么。

所以需要一种预警机制——将你惯用的被动攻击方法写下来（或是问问周围的朋友）。当你忍不住决定使用这个方法时，预警机制就会发挥作用，它会帮助你暂停一下，对自己当下的情绪和处境有所觉察。

3 练习不带恶意地表达愤怒，不带敌意地表达不满

首先，要明确表达目的。有愤怒的情绪不一定意味着要伤害他人。表达愤怒不是为了攻击对方，而是为了让对方了解你的不适。任何情绪都有理由，直接但不带敌意地表达，有助于建立健康的关系，或更快地实现共同目标。

其次，你需要明确指出对方的哪些行为引发了你的负面体验。

但注意避免使用“你让我感到……”，因为这听起来像指责，有可能引发对方的防御心理。

试试说“当你……的时候，我感到……”，专注于表达自己的脆弱情绪。

最后，可以告诉对方，你希望他怎么做。将自己的想法尽可能具体地告知对方，有助于你们互相理解和协商。

心理锦囊

人际关系中的不适会因为“暗戳戳”的攻击愈演愈烈，

也会因为真诚合理的表达得到缓解。

停下来，想一想自己真正的情绪是什么。

我们永远可以选择成为一个什么样的人。

如何在日常生活中践行非暴力沟通？

• 什么是“非暴力沟通”？

“非暴力沟通”是临床心理学家马歇尔·卢森堡（Marshall Rosenberg）开发的一套沟通方式，旨在让沟通中的人们放下指责和评判，并积极倾听对方的需要。非暴力沟通的目的，并不是消除差异，而是更和谐、更有同理心地交流。

它有5个基本原则：

1 同理心

它要求我们能对自己和他人的情绪感受、内心诉求有足够的觉察，并能够共情对方。在情绪上与他人同在，并不意味着你需要在观点、立场上和他一致。

2 放下评判，避免贴标签或指责

即使不同意对方的观点，也可以暂时放下评判，暂停想要立刻反驳的欲望，仔细听一听对方为什么这么想——是哪些客观事实或创伤性经验，使对方产生了这样的感受和判断？

3 真诚、真实

诚实地说出自己的观点和情绪，真诚表达，不伪装、不敷衍，也不故作坚强，可以促进亲密感和同理心的形成。

4 对自己的情绪和需求负责

这意味着你认可自己的情绪，也能充分表达自己的需要。但是，你不把自己的需要强加于人。如果你需要别人为你做一些事，提出请求（而不是要求）。

5 建立对于协作的理解，找到解决问题的实际行动方案

这意味着你们需要将彼此视为某种“共同体”。在某个更大的愿景面前，不放弃沟通，相信彼此有能力摸索出一些双方满意的实际行动方案。

听着很难。我发现实践起来……也确实很难。

• 践行非暴力沟通的10条心得

1 首先，不要暴力地对待自己

我们常常以为非暴力沟通是对待别人的态度，但它的底层逻辑首先是“自我照顾”。

只有先学会以温柔、支持性的方式回应自己，我们才可以学会不暴力地对待别人。

2 增强对自己的觉察

有时情绪会撒谎。

比如，生气的背后可能是在表达“我受伤了”，因为我感到自己遭受了忽视，需要被看到。

正确理解自己的情绪，洞察情绪背后的需要，有助于问题的解决。当一个人真正理清自己的需要，可能会猛然发现，自己正在“既要又要”。如果需求过于不切实际，就得调整预期。

3 学会不卑不亢地表达需要（不要以指责的方式表达需要）

希望得到对方的关注，渴望亲密，产生依赖感……这些都是亲密关系中的正常需要，但它可能引发一种脆弱的感觉，让人“易碎”。

有时，人们明明想要接近对方，嘴上却在批判对方。这可能是因为对自己的需要感到羞耻。比如，想被爱，想要陪伴，想在最脆弱的时候得到支持；但无法坦然地承认，而是本能地以一种更强势（指责、辱骂）的方式来表达。

如果你也曾有过这样的时刻，请觉察自己“口是心非”的冲动。

4 出具关于自己的“个人被爱说明书”

爱的语言有很多种。比如高质量地共度时光、互送礼物、承担家务……有时你需要主动表明“是什么让我感觉被爱”。温柔地教教对方他可以怎么做。

重点在于：越具体越好，这样对方就不用绞尽脑汁地去猜了。对方如果猜错，你也会不好受。

5 学习尊重少数人的需要，少一点先入为主和偏见

觉察语言中的刻板印象。尊重人们不同的外貌、性格特征、生活习惯。不要假设其他人的想法、喜好、观念与自己一致。

就像有人喜欢茉莉水灵灵的香气，也有人对茉莉过敏。

6 不物化自己，也不物化他人

不把自己和他人视作工具，不视作只有一种或几种职责或功能的“假人”。

每个人都是完整的、流动的、会变化的个体。

7 不用命令或威胁来提要求，而是表达请求或邀请

非暴力沟通的核心模版是一句话：

> 当（观察到某种行为）时，我感到（某些情绪），
> 因为我需要（某种需求）。你可以（某种请求）吗？
> 不可以也没关系。

以“我”开头来描述真实的情感，表达需要，提出请求（而不是命令或指责），并给予对方拒绝的权利——这就是一种非暴力的姿态。

8 注意沟通中的非语言信息

心理学研究发现，人们在沟通中传递的信息，只有8%是通过语言来完成的。

这意味着，我们说话时的声调、眼神、表情、身体姿势等非语言信息，比我们想象的重要得多。

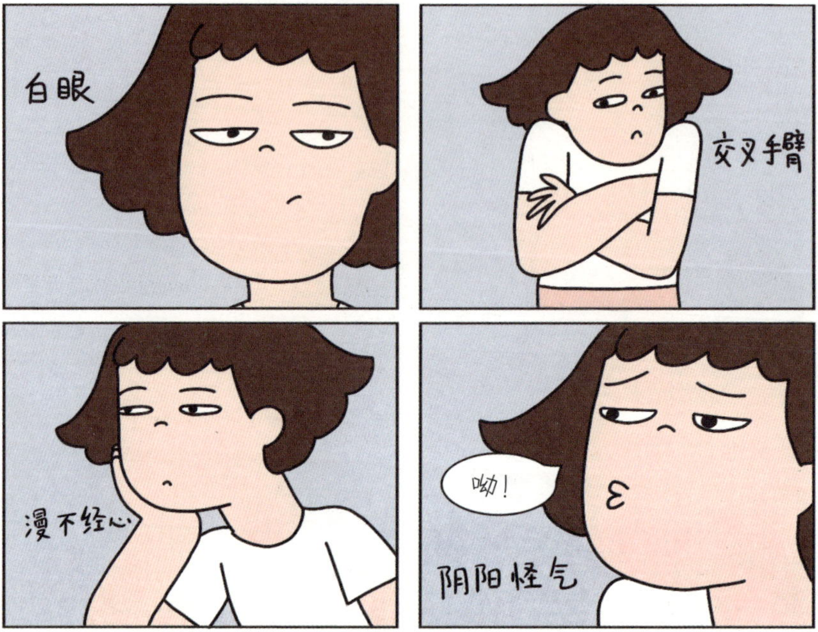

觉察这些非语言信息，有助于消除沟通中的暴力性。

9 不要压抑情绪，但可以降低它的强度

情绪永远具有正当性，不要压抑和回避负面情绪。

但如果情绪太强烈、很不舒服时，我们可以先等它慢慢过去，再和对方表达这些感受，并探讨它背后的含义是什么。

关于如何可以让自己好受些，你一定有自己的独家秘籍。比如深呼吸、散步，或是打开音响，像傻瓜一样跳会儿舞。

10 多多练习，才能成功

也许前几次你并不能很顺利。没关系，多练练吧。如果实在不知道怎么做，可以将相应步骤写在手机备忘录里。必要的时候，对照着一条一条执行。

心理锦囊

“非暴力沟通”很好，

但练习的道路可能很辛苦。

没关系，我们会陪着你!

加油哦!

我的内心已破碎，却忘了如何悲伤

大多数时候，情绪隔离的人无法说出自己的感觉。

出于种种原因，他们给自己制作了一个真空的隔离罩，把那种叫作“情绪”的东西抽干了。

他们也许隔离了痛苦，但也隔离了快乐；有想要亲近的对象，却无法与其进行情感交流。

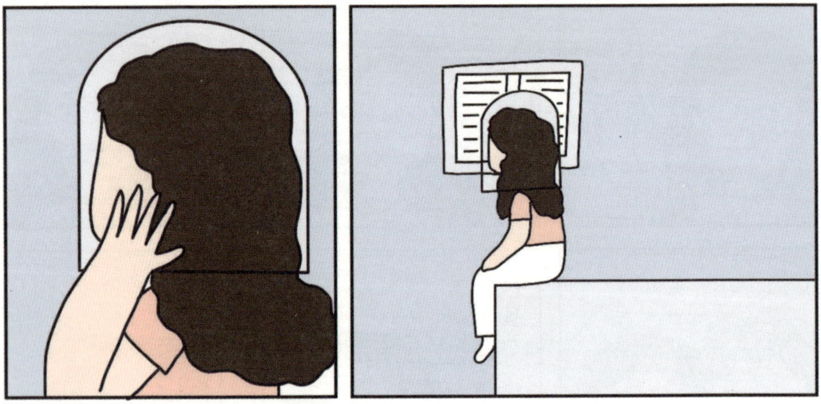

• 什么是情绪隔离？

大多数人都有“戒掉了情绪”的体验。

适当隔离掉一些情绪，可能会使我们在行使社会职能的过程中更高效。但心理学中的“情绪隔离”，描述的是一种长时间与情绪脱节的状态。

情绪隔离的人，时常会感到：

内心空洞　　麻木　　冷漠

他们无法充分描述自己的情绪，也难以对别人的情感做出回应，即使面对亲近之人也经常保持疏离状态。

情绪隔离是一种无意识的保护机制，通常源自对压力、创伤的逃避性反应。一些人在童年时早早学会了压抑自己的感受，并为自己建造了一座“金钟罩”，认为“只要我屏蔽了情绪，我就不会痛苦了”。

问题在于，负面情绪是不能被“精准屏蔽”的。当你屏蔽了痛苦、焦虑、失望时，也会同时屏蔽愉悦、激动和意义感。

情绪隔离，可能会让人丧失“活着的体验”。

• 情绪隔离的人，可能会有的表现

1 对事情的情绪反应有限或减弱

常常被评价为冷漠、独立、没有同理心

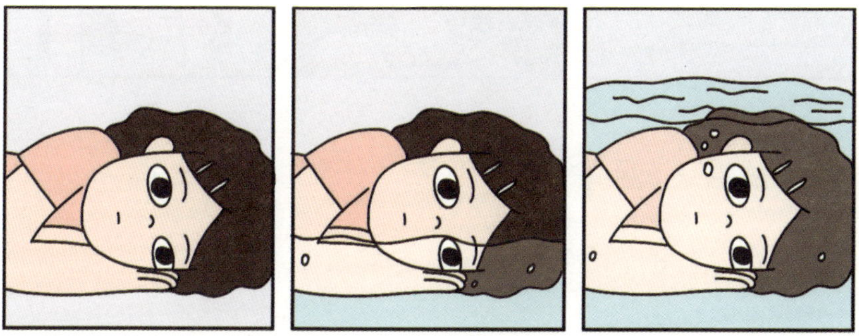

2 不轻易分享感受，与他人的联结感低

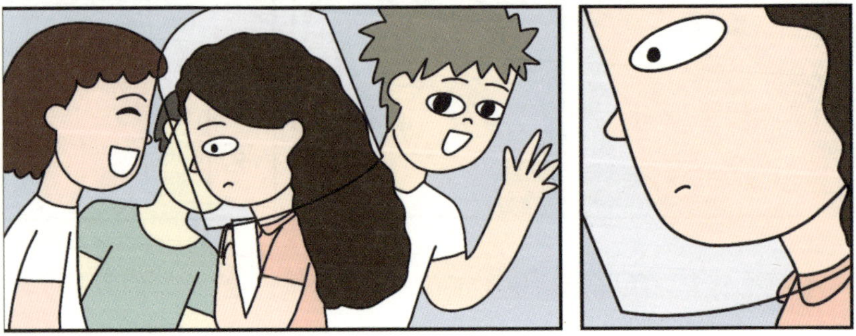

3 缺乏心理一致性

内心感受与外在表现不一致。比如内心明明已经破碎，脸上却在微笑。

4 情感交流困难

很难与人进行情感上的交流，或响应别人的情感需求，因而难以进入或维持亲密关系。

5 难以感受情绪

因为感受不到情绪而羞耻，或为了感受到情绪而做出一些冒险行为（比如滥用药物或酒精）。

6 脱节

身心脱节，或自我与周围环境脱节，出现解离或人格解体状态。

7 有躯体化症状

被压抑的情绪并不会消失，而是会以这样或那样的方式表达出来，比如不明原因的头痛、背痛、心悸、手抖等等。

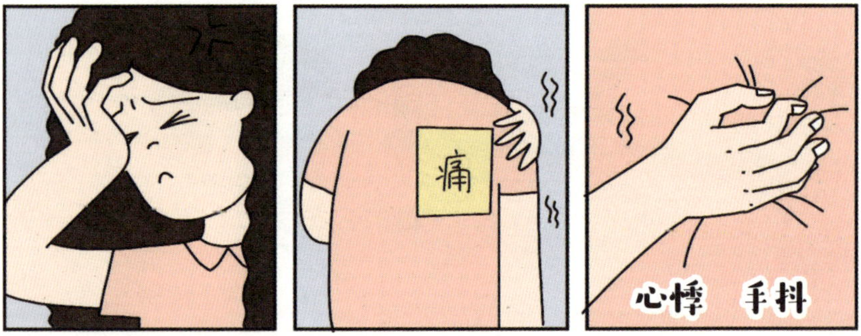

8 快感缺乏

无法长期体验到积极情绪，对于从前喜欢的活动，参与兴趣明显减弱。

• 情绪隔离的成因

1 遭遇重大创伤

当童年发生糟糕的事（事故、丧失、虐待），孩子却得不到养育者的支持，或是没有其他方式来保护自己时，会本能地通过“关闭情绪开关”来让自己与痛苦保持距离。

2 成长过程中缺乏被“情绪养育”的经验

由于社会文化的期望（比如认为有情绪是不好的）或养育者缺乏情绪养育的技能（比如从来不关心孩子的感受，只关心是否吃饱穿暖），孩子在成长过程中没有学到关于情绪的基本知识，因此很难表达情绪。

3 长期且日常的压力

高度紧张的学业和工作，日常且无处不在的歧视或忽视，都有可能造成情绪麻木和崩溃状态。

4 某些药物的副作用

一些常见的抗抑郁药可能会导致服药者出现情绪麻木、反应迟钝的情况。如果这种副作用严重影响到你，建议与精神科医生聊聊，商讨更合适的用药方案。

如何改善情绪隔离？

1 留意身体感受传递的信号

注意身体的生理反应，如心跳加速、肌肉紧张或胃部不适，没有病理性问题时，这些感受可能是情绪的信号。

2 扩展情绪词汇，有助于更准确地识别和表达自己的情绪

学习和使用更丰富的情绪词汇来描述自己的感受。除了基本的喜、怒、哀、乐，还可以探索其他更细微的情绪，如挫败、嫉妒、满足、渴望等。你可以通过看书、听音乐，或者与人聊天来扩充关于情绪的词汇量。

3 做情绪记录来跟踪自己的感受

每天记录自己的情绪状态和发生的事情。通过回顾日记，可以发现情绪与特定事件之间的联系。例如，记录在与朋友发生争执后感到的沮丧，或者在完成一项任务后感到的自豪。

4 尝试接地训练和运动

接地（grounding）是一种通过调动身体感官来回到此时此地的心理技巧。它可以帮人们降低情绪强度，恢复平静。

最简单的一种接地训练是：描述自己现在闻到的一种气味、听到的一种声音、尝到的一种味道。赤脚时，感受脚底与草地接触的质感；躺平时，感受地面如何支撑你的背部。

此外，深呼吸、正念、瑜伽、韵律操等形式都可能有帮助。在这个过程中，重要的是：有意识地观察自己与身体、环境的联结。

5 坚持日常的自我照顾

重视睡眠、饮食、运动等日常秩序。为自己提供一个良好的“系统运作环境”，就更有能力去应对可能导致情绪隔离的压力源。

6 尝试向值得信任的人敞开心扉

与那些支持你展现真实自己的人待在一起，坦诚地告诉对方自己在表达情绪上的脆弱和困难，可能有助于你建立情感联结。

7 提高对负面情绪的耐受度

拿掉“金钟罩”是有风险的。因为允许自己找回快乐，也意味着允许自己感受痛苦，并可以在一定程度上与之共存。如果情绪隔离已经严重影响到你的生活，或独自应对这一切过于困难，请寻求专业心理咨询师的帮助。

心理锦囊

情绪隔离的人不是“麻了”，

而是无意识地回避和压抑情绪来保护自己。

但情绪是无法被隔离的，

它们始终在人体的后台运作。

只有当我们联结到内心真正的情绪时，

我们才会找到自己。

情绪颗粒度高是心理健康的标志

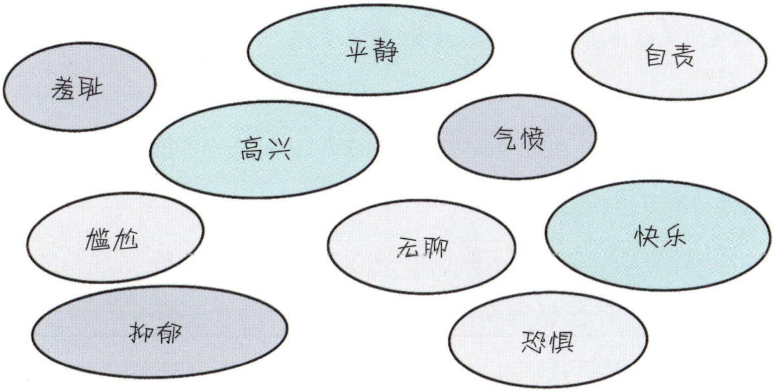

情绪就像一个巨大的调色盘，里面装着各种各样的颜色。

你会发现在日常生活中，有的人能轻松地挑选出特定的颜色，告诉你这个是忧郁，那个是愤怒。而有的人可能只能告诉你，他感到“乱七八糟”。

这不仅仅是关于词汇量的问题，而是涉及一个有趣的心理学概念——情绪颗粒度。

• 什么是情绪颗粒度？

情绪颗粒度（emotional granularity）是一种能构建出更细致的情绪体验的能力。

情绪颗粒度高，意味着有更多的情绪概念——能区分和描述各种情绪体验，并在更复杂的情境下理解自己的感受，构建出成分多样的情绪，而不是就此大脑宕机，陷落在无法言说的模糊感受之中。

情绪颗粒度高的人通常具备更强的调节情绪能力，心理健康水平也相对更好。情绪颗粒度低的人更容易感到焦虑和抑郁，甚至很难区分积极和消极情绪。他们更容易破坏与他人的关系，也更有可能在关系中伤害自己。

• 情绪颗粒度高，有很多好处

情绪的产生离不开两个部分，一是在长期经历中形成的认知习惯，二是当下情境构成的外界刺激；当认知与刺激交互作用，情绪就随之产生了。

比如：

· 你早上莫名其妙因为闹钟没响起晚了；

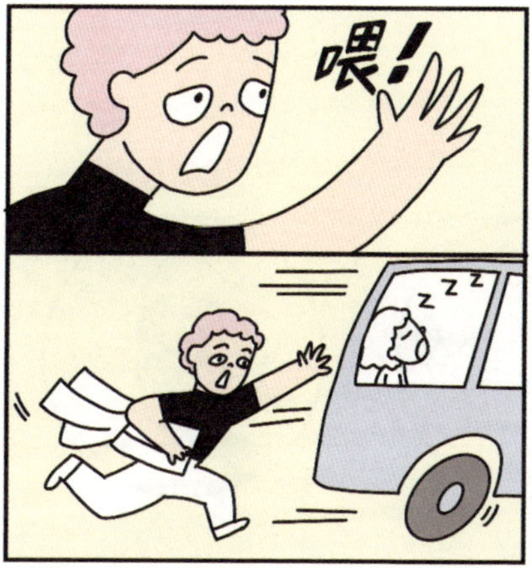

· 路上恰好错过了公交；

· 赶到公司时发现老板站在自己工位旁，脸色非常不好。

此时你可能觉得“今天太糟了!”

这份“今天太糟了”中，其实包含了：

（1）你的认知习惯

迟到是一种不好的行为，你不希望自己这样。

（2）多情景刺激

因为闹钟没响而产生的懊恼，错过公交时的焦急、气愤、自责，发现老板时的尴尬、担忧，等等。

如果你只能感受到“今天太糟了”，而无法分辨这份糟糕的心情是由什么导致的，那你可能很难意识到这份坏心情只占一天中很小的一部分，并不是全部。

此外，能够辨明自己和他人的情绪状态，以及这种状态产生的可能原因，是一项非常有益的技能。它可以帮助我们采取对应的行动。

比如当我说：

实际上我想说的是：

我对自己的父母不能给我提供足够的支持而感到失望；
我对父母过度入侵我的边界而愤怒；
我为自己小时候经历了那么多糟糕的对待而感到委屈；
我对别人家父母不是这样而感到不公平！
但另一方面，我心底非常爱他们……
希望得到他们的尊重，希望他们过得幸福。

我可以做的是：

很多时候，我们在向他人倾诉一些烦恼后，仍然没有得到排解，可能是因为我们只是在讲述事件，或者只是很笼统地描述自己的感受，而这种不充分的表达，并不能缓解压抑的情绪。

高情绪颗粒度能帮助我们或他人察觉到整个事件到底使我们产生了哪些情绪。

• 情绪颗粒度高是可以培养出来的

1 了解更多的情绪概念，并学习细分它们

《西游记》中有这样的情节：当孙大圣不知道自己面对的是什

么妖怪时，常常束手无策，但在知道了妖怪的来路之后又能无往不利。相同的道理可以用在处理自己的情绪上。

请分别回忆一些让你快乐和难受的事情，写下与这些感受相关的情绪词语：

与“快乐”相关的情绪	与“难受”相关的情绪

快乐可能包括：

满意、激动、放松、喜悦、充满希望、备受鼓舞、骄傲、崇拜、感激、欣喜若狂……

难受可能包括：

生气、愤怒、惊恐、厌恶、暴躁、懊悔、窘迫、焦虑、恐惧、不满、害怕、忌妒、悲伤、惆怅、疼痛……

细分情绪就是在构建情绪、整理情绪。

2 这世界那么大，多看看

看书、看电影、与人交流，在这些过程中你可能产生共鸣，理解自己曾经并不理解的情绪，也可能产生全新的体验，拥有更多情绪概念。

3 这世界那么大，多看看好东西

每次构筑体验都是对情绪的强化，因此需要主动地构筑积极体验，有限度地构建消极体验，而不是对消极事件进行反复思考。

4 构筑只属于自己的情绪表达，找到属于自己的情绪表达方法

世界上有那么多情绪，语言常常是无力的。有一些时刻的感受可以直接与情境联系起来，比如“冬天在马路边闻到烤红薯香味时的安心”“夏天吹着电风扇喝一杯满冰气泡水的悸动”……

心理锦囊

情绪颗粒度高，

意味着既不会囫囵吞枣般将快乐随口吞下，

也不会把痛苦一股脑丢到一旁。

它意味着我们正在好好体验所经历的一切，

正在体验生活。

现在，可以试着问自己一个问题：

你感觉如何？

关注身体发出的情绪信号

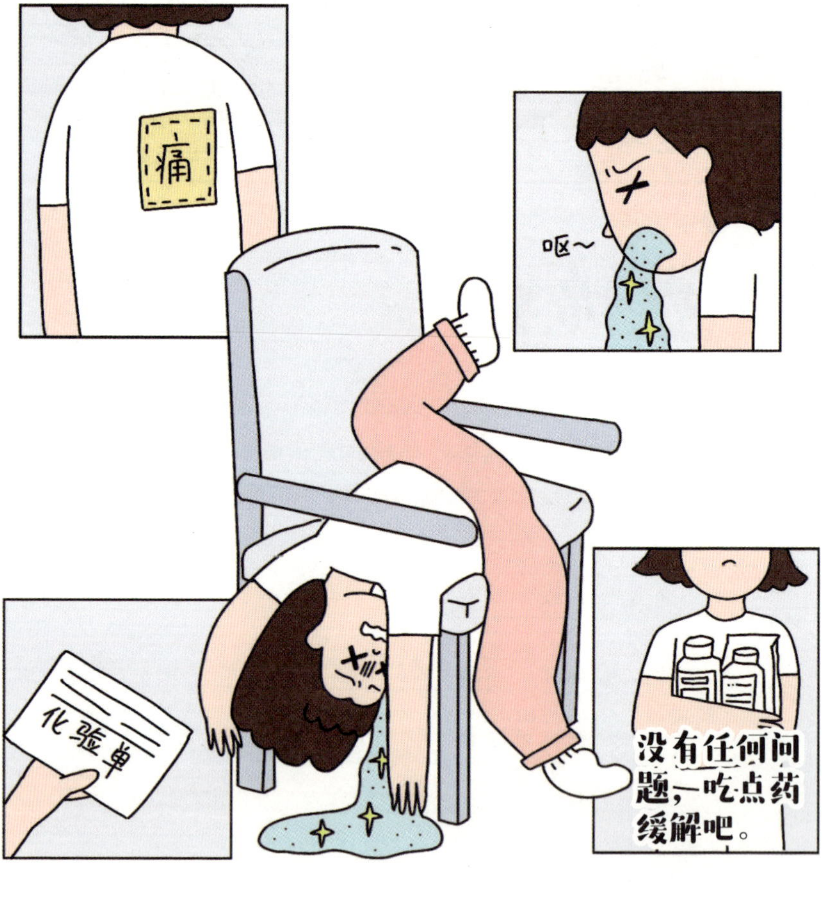

分手时感到心脏疼痛；

焦虑时会拉肚子；

被拒绝后疯狂过敏；

做自己不喜欢的工作时感到头痛、背痛；

……

去医院查不出任何生理性问题，可我还是难受得要命，这是怎么了？

• 什么是“躯体化”？

躯体化（somatization）是一种用身体症状来表达心理困扰的现象，患者并不存在现有医学手段可以检测到的器质性病变。

一般人群中躯体障碍的患病率为5%～7%，是初级保健机构中最常见的状况之一。患者可能做了很多检查，却找不到病因。他们大多是在医院就诊时被发现的，通常出现于消化科或疼痛科（而不是心理科）。

躯体化中，最常见的症状包括：

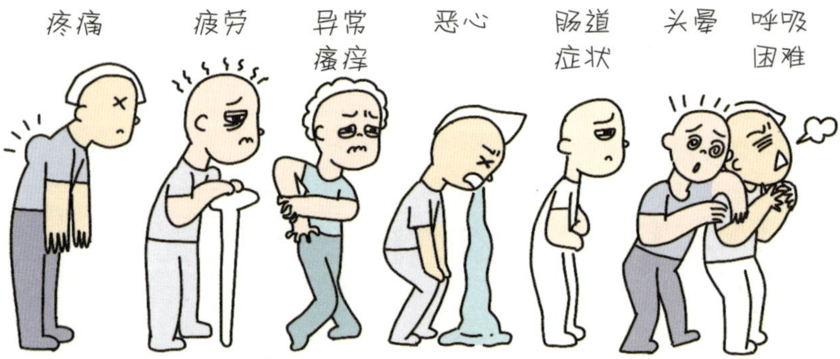

偶然和暂时的躯体化症状是正常的。它可能在遭遇创伤的应激情况下出现，也可能在一些平常的时刻出现。

但对于心理疾病患者来说，躯体化症状可能是长期持续的。

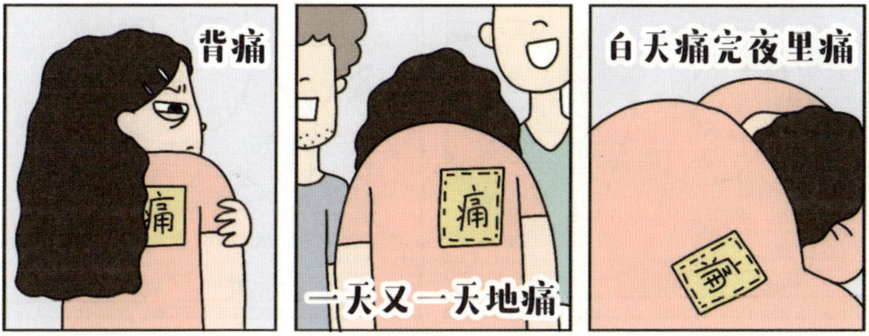

躯体化最常见的共病是焦虑和抑郁，甚至可能超越心理层面的问题，作为主要症状产生。有超过一半的抑郁或焦虑患者，会出现程度不一的躯体化症状。

对于躯体化，最重要的是：意识到它真实存在。无法明确病因的躯体化症状不仅影响日常生活，还有可能使患者产生疑病焦虑。

• 当躯体化症状来临，我们如何应对？

1 承认躯体化症状是真实存在的

许多人在对躯体化症状缺乏了解时，常常认为这些疼痛只是我们大脑的想象。

但是，躯体化症状是真实的。身体感受到的每一分疼痛，每一秒难以度过的时间都是真实的。

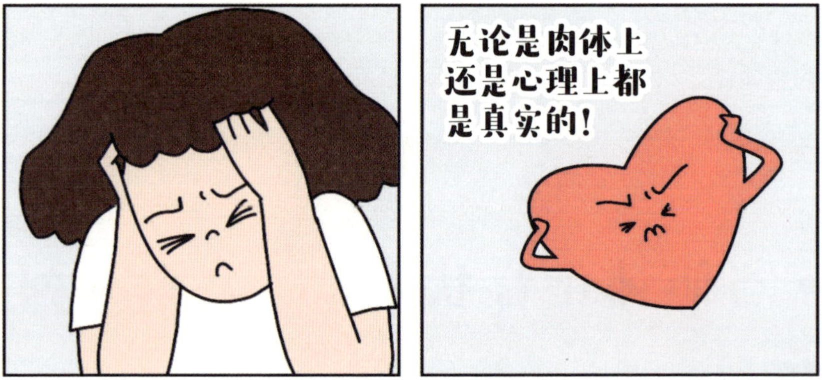

躯体化症状不仅是一种肉体上的疼痛与不适，也是一种心理意义上的“痛苦语言”。有时即便不接受任何治疗，仅仅是对疼痛的观念产生改变，也可能对躯体化症状产生疗愈效果。

2 增强理解、处理情绪的能力

许多有躯体化症状的人没有意识到自己身体症状的产生存在一定心理因素，或者在了解后也有可能否认。同时，由于心理疾病患者往往缺少处理情绪的能力，这可能会让他们急切地关注身体症状，并耗费更多的时间和精力来关注疼痛问题，进一步加重心理负担。

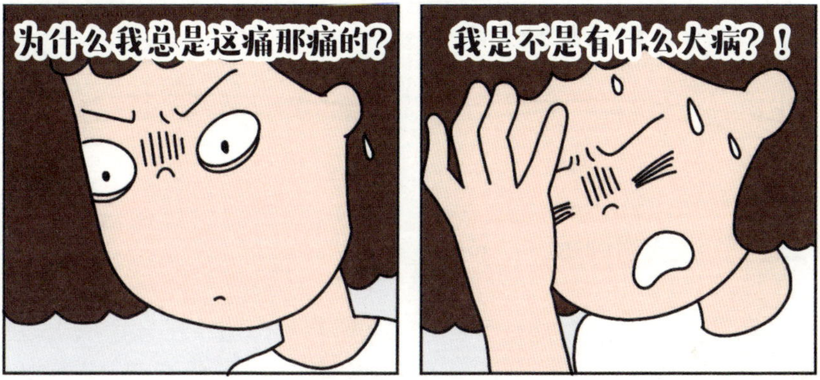

能认识和管理情绪、合理应对和释放生活中遭遇的压力，也有助于避免躯体症状恶化。

你也可以记录情绪日记。问问自己：

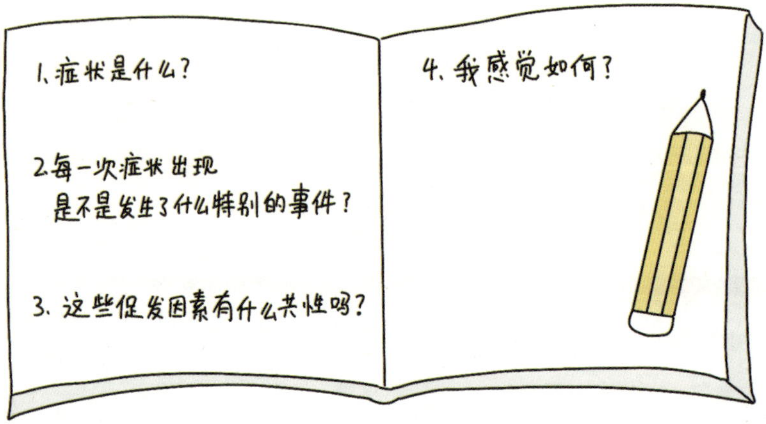

3 放松技能训练

有证据显示，心理治疗（比如认知行为疗法、正念疗法），冥想、瑜伽等放松训练对躯体化症状有缓解效果。

4 重新理解疼痛

在传统医学理念中，疼痛是身体受伤后产生的“结果”，处理病因就能对症下药。头痛医头，脚痛医脚，仍然是相当普遍的观念。

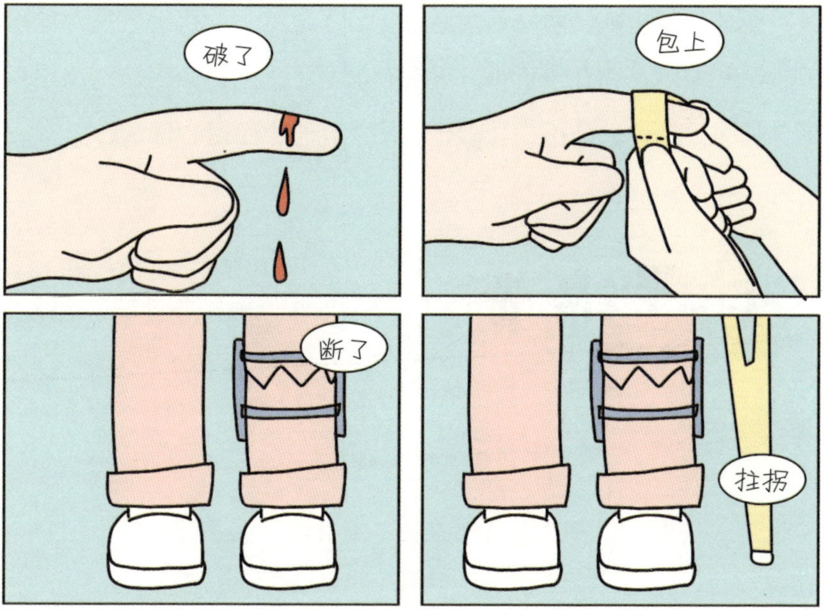

但是，用这种因果观念对待躯体化症状几乎是无解的。

一些研究者建议，应对躯体化的关键步骤是：将疼痛理解成大脑释放的预警信号。

躯体症状来临，意味着大脑察觉到了危险，而疼痛就是对危险的预测和警示。它在告诉你，现在有哪里不太对劲，应该对自己有所关注了。这种关注不止局限于躯体，同时也包括心理状态。

心理锦囊

身体很懂你的心。

请认真倾听痛苦，

因为它可能是被忽视的、来自内心的声音。

当被情绪淹没，该如何自救？

就像每个人的家里都有一个常备药箱，我们也应该为自己的情绪定制一个“心理急救包”。

• 情绪急救是什么？

情绪急救的本质是情绪调节。

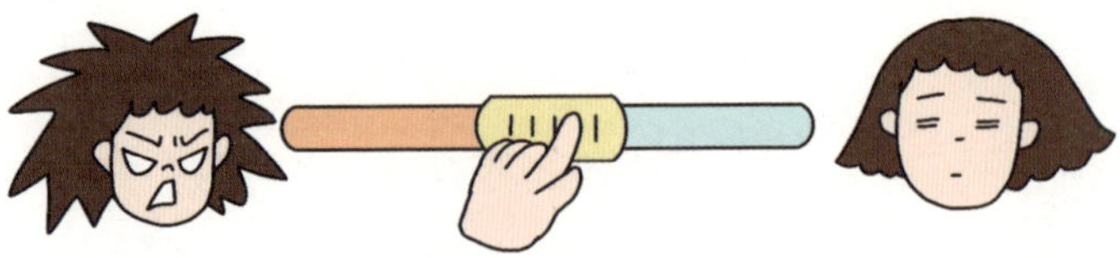

在遭遇带来剧烈情绪波动的重大事件时，缺少情绪调节能力的人常常会陷入两种极端：

· 情绪调节过度

这意味着极度控制、压抑和封闭情绪，对情绪的感知和理解能力很弱，但需要与内在体验做持续斗争。

· 情绪调节不足

这意味着强烈的情绪刺激源使人产生被吞没的体验，阻碍日常生活。

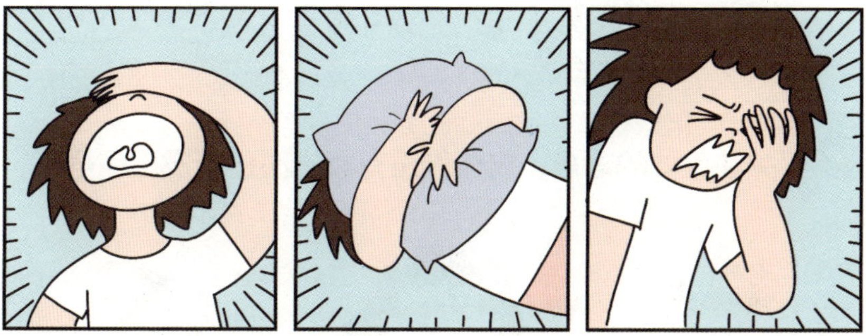

恰当地情绪急救，能增强我们在危急时刻的应对能力，增强心理弹性，过上更舒适的生活。

• 第一步：你意识到自己需要情绪急救了吗？

日常生活中，很多人在遭遇情绪风暴的时候，是很难进行觉察和思考的，更别提对自己施展“急救”了。

所以，情绪急救的第一步，其实也是最困难的一步：觉察自己的情绪状态。

1 试着描述一下自己正处于哪些情绪中

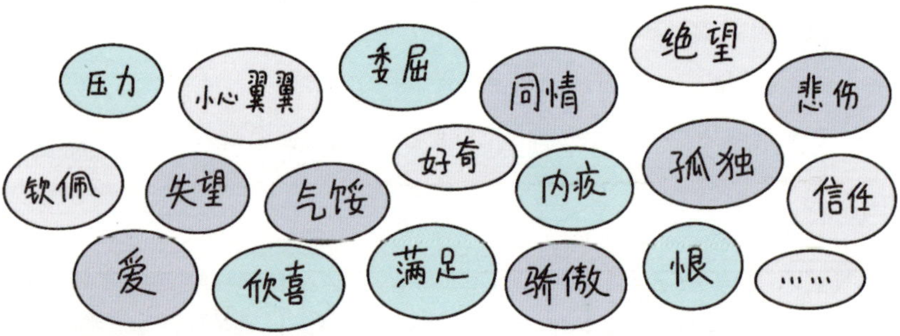

2 关注身体的语言，它在你没有察觉时已经发出信号了

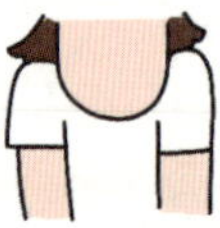

耸肩——紧张

皱眉、咬紧牙关——愤怒

不自觉流泪——悲伤

3 在难以思考的时候，尝试把自己的感觉写下来

不用“写得好”，只是“写”就可以。

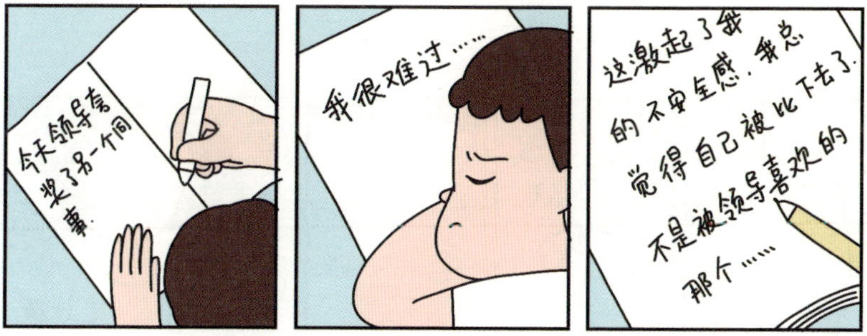

• 第二步：几个通用的情绪急救方案

每个人都会在成长过程中，发展出一些处理情绪的习惯性动作。你可能很清楚哪些事情会让你立刻舒服一些。

但如果你暂时没头绪的话，可以参考下面的方案：

1 不要对抗情绪，允许一些情绪“穿过自己”

2 交替绷紧和放松肌肉

耸起肩膀，握紧拳头，收紧手臂，皱眉，咬紧牙关，收紧腹部、臀部、大腿的肌肉，坚持10秒，然后放松。

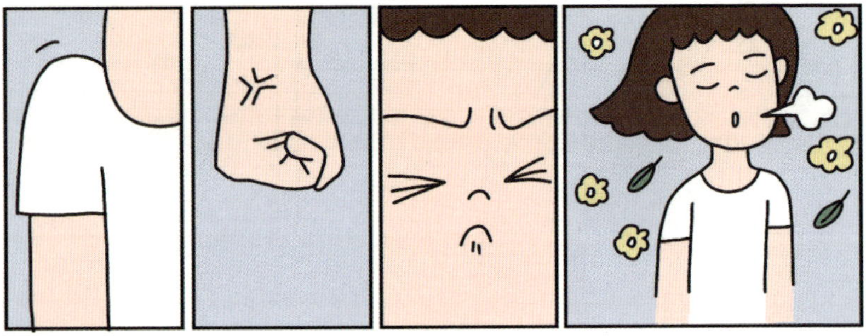

3 使用冰块降温，或洗个热水澡

快速改变体温可以帮助你克服情绪引发的生理反应。

4 调整呼吸

有节奏地腹式呼吸，5秒吸气、6秒屏息、7 秒吐气，让吐气时间比吸气时间更长，保持这个节奏能迅速舒缓压力。

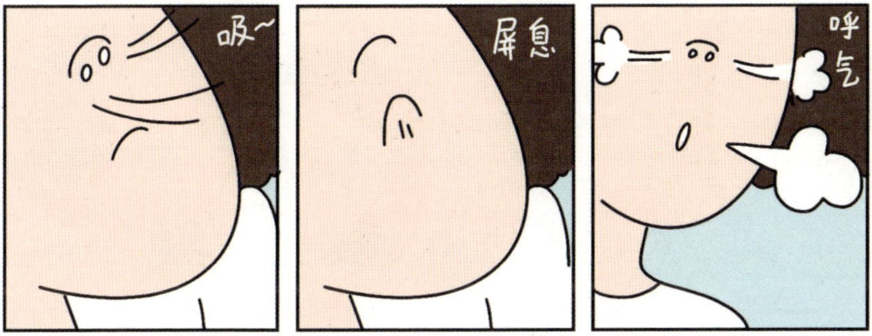

5 感受当下

不为未来焦虑，不困于过去，不评判一切，不逃避当下，与此时此刻的自己待一会儿，感受自己的感受。

6 照镜子，然后微笑

这并不是在经历强烈情绪时强装微笑，请把它当成一个没有任何意义的动作，简单地提起嘴角会给面容带来很大变化。

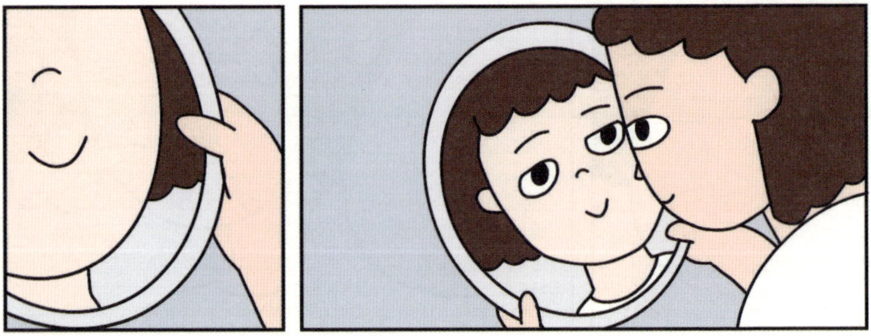

7 大吼大叫，“打滚撒泼”

让自己疯起来！（但记得保证自己和他人的安全。）

8 善待肠胃

吃干净、好吃、有助于消化的食物，肠胃会做出关爱的回应，请相信你的身体。

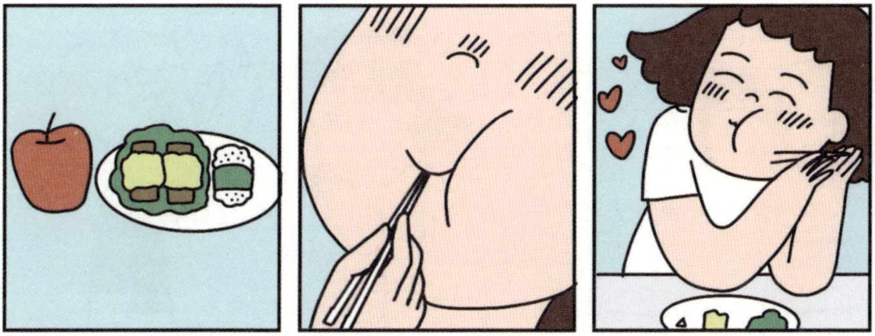

9 做一些运动，或是去户外融入自然

做瑜伽、跑步、打球、游山玩水，与自然产生沟通（甚至去给绿植浇水，摆弄桌上的小盆多肉）都可能有助于度过情绪低谷。

10 做一件与情绪相对抗的事

当你被情绪压倒，缺少动力，什么事都不想做时，可以在行为上做出反抗。

• 第三步：为自己提前准备一些心理防护材料

如果你感觉好一些了，可以尝试为自己编织独特的“心理防护网”。毕竟月有阴晴圆缺，谁也不知道我们下一次会因为什么而跌落到低谷之中。做好准备总是没错的。

1 搜集自己的价值感来源和闪光点碎片

你可以写下自己最有价值的五个特质，选其中的一两项写下它们是如何影响了你的人生，这会帮助你重新审视自己。

当你遭遇挫折或失败，对自我价值产生怀疑时，用这些材料为自己鼓鼓劲。

2 试着改变视角，在心理上拉开与自我的距离

当你对一个创伤事件频繁反刍，压制反刍是无用的。可以尝试将镜头拉远，让自己成为一个观察者，看到比那个场景更多的人、事、物，此时你不再是那个场景中的一分子，你只是在观察这个世界。

3 想象一个（或一些）你认为可靠且值得相信的人，如果经历相同的情境，他会怎么做呢？他会对我说什么？

无论和朋友还是亲人，甚至和宠物、玩具、偶像、幻想出的朋友交流，都有助于从情绪中恢复，帮助你获得更多理解和想法。

4 想象十年后的自己是什么样子

我想达成什么目标（不一定是十分重大的成功，但对你来说有意义）？列下这些目标，并定期更新这张清单。

试着想象站在10年后回看，你这一路是如何走来的。想象这些画面会使那些阻碍你成功的情绪暴露在你的面前，促使你面对、调整、接纳，也会让你对生活的意义更有觉察能力。

5 准备一些自我同情的话，写在小纸条上

在极端情绪的影响下，我们很可能陷入自我批评的陷阱，写一

些自我同情的句子，比如“你只是犯了一个错误，犯错是每个人成长的必经之路”，或做一些自我同情的姿势，比如蝴蝶拍（伸出双臂拥抱自己，轻轻拍打自己）。这能帮助我们缓和极端情绪。

6 没有人能独自面对一切

当事情发生，向他人倾诉可能会有好事发生，也可能不会。但可以肯定的是，封闭自己一定不会对平复情绪有好处。

请与值得相信的朋友、师长、心理咨询师聊聊。对方可能并不知道该做出什么样的回应，但你可以直白地说出自己的需求，比如自己并不需要建议，只是需要倾听和陪伴，或者只是想要一个拥抱。

心理锦囊

当一个人处在情绪崩溃的时刻，

很容易放弃抵抗，被情绪冲走。

学习一点基本的情绪急救技术，本质上是提升自我照顾的意识。

让自己在跌落谷底时，有一道托底的心理防线。

仅是这一点改变，就会带来很大不同。

你值得为自己这样做。

抑郁是一种什么感觉？

对你来说，抑郁是一种什么样的感觉？
也许是沮丧吧，一种长久持续的沮丧，
好像世界被装上了灰沉沉的滤镜，而我置身事外；
是四肢溺水，背后压有一块巨石的下沉感；
是无法下床，没力气洗澡……
唉！

• 什么是抑郁症?

抑郁症是一种常见且普遍的情绪障碍，会导致持续的悲伤感，对日常活动兴趣的丧失，以及思维模式、睡眠和行为的改变。从普通的抑郁情绪到严重的抑郁症，每个人对抑郁的感受都可能不同。

几乎所有人都会在人生中的某些时刻感到抑郁。

可能是在遭遇重大变故时:

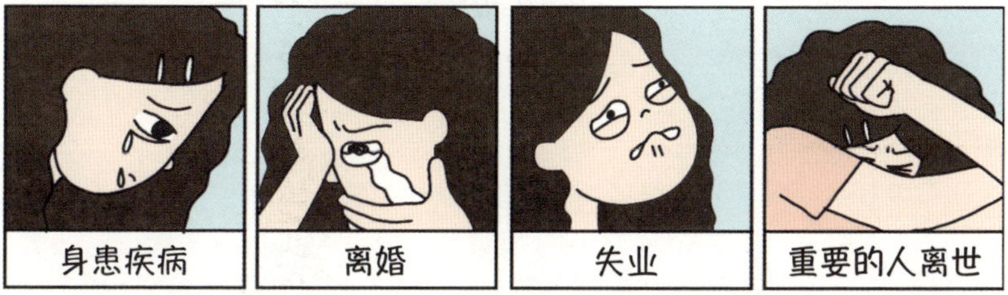

可能是在日常遭遇挫折时:

这种抑郁情绪一般会如大海中的波涛，随时间流逝而逐渐变得平稳。

但抑郁症带来的是一种持续存在的感觉。

当抑郁情绪来袭时，它可能会像一场连绵不绝的海啸，不断蚕食人们的日常生活。

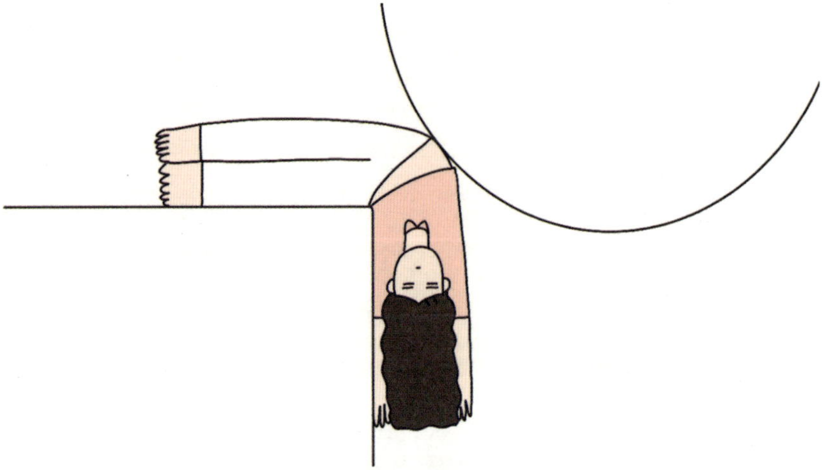

● 抑郁症的表现

1 睡眠困难，常常失眠（或睡得过多）

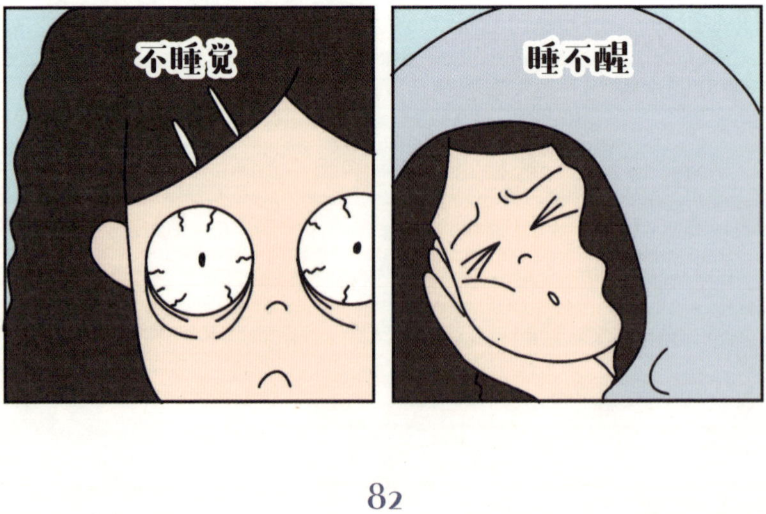

2 食欲明显减少（或增加）

在饮食结构未发生明显变化的情况下，短期内体重骤减（或骤增）。

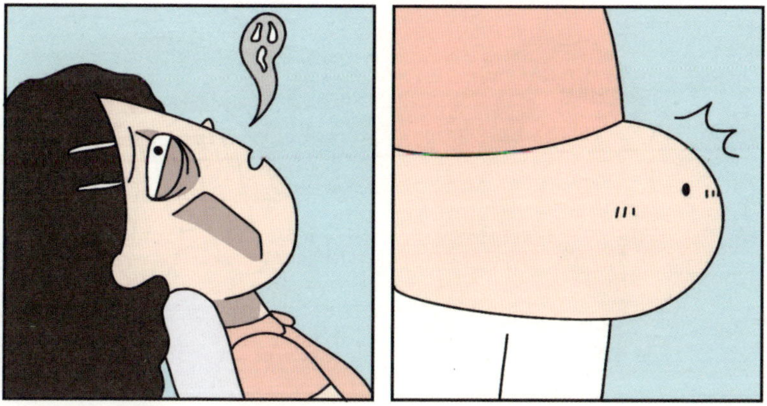

3 莫名难受

出现不明原因（不存在器质性病变）的身体疼痛或消化道问题，且这种问题并不会随着治疗而消失。

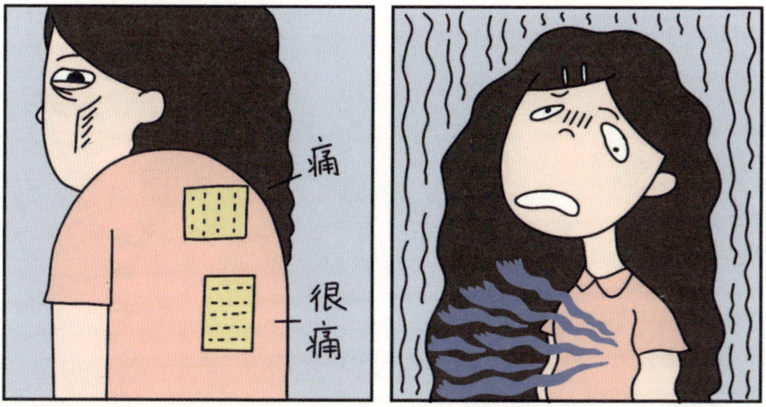

4 失去兴趣爱好，常常流泪

感到悲伤、无力、绝望、空虚、自责、愧疚，感到一切毫无意义，自己也毫无价值。

5 感到疲劳、行动迟缓

难以进行日常活动（包括起床、穿衣、洗澡、刷牙等等），难以完成学业或工作。

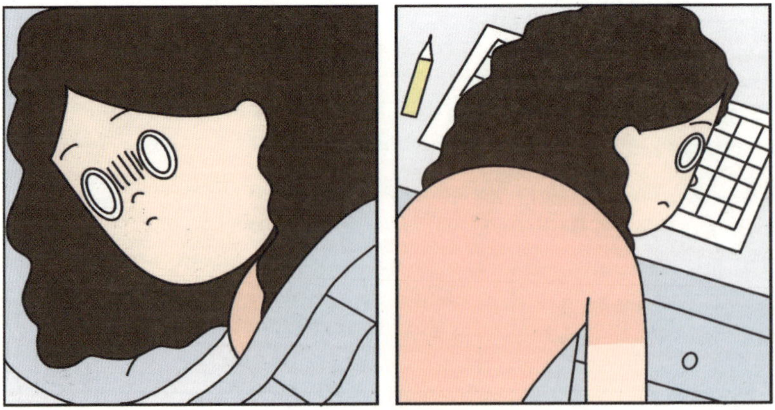

6 难以集中注意力

经常感到疲劳、迟钝、困倦，对人际关系缺乏兴趣。

7 其他方面的状态改变

有时抑郁症也可能表现为其他情绪和行为模式的变化，比如愤怒、烦躁，冲动行为和攻击性增加。

8 反复出现关于死亡的想法，产生自杀企图或自杀计划

提示：以上描述参考《精神障碍诊断与统计手册》（第五版）（DSM-5）诊断标准，抑郁症的严重程度、频率以及持续时间因人而异。

如果你在两周内每天都出现上述症状（尤其是情绪低落和对大多数活动失去兴趣），需要尤其关注自己的心理状态。

不过以上情况仅仅是抑郁症的一种描述性诊断，有时存在上述表现并不一定意味着患抑郁症，但大概率意味着需要关注自己的心理状态，如难以自行调整，应寻求专业人士的帮助。

• 缓解抑郁的日常手段

1 掌握一些应急的情绪调整和放松技术

有时，抑郁情绪袭来，让人感到难以招架，可以提前学习一些应急的调整方法，比如尝试将注意力完全放在呼吸上，仔细感受气体在身体中的流动，或者尝试收紧肌肉（绷紧手臂、腿部或握拳），坚持一段时间后放松。

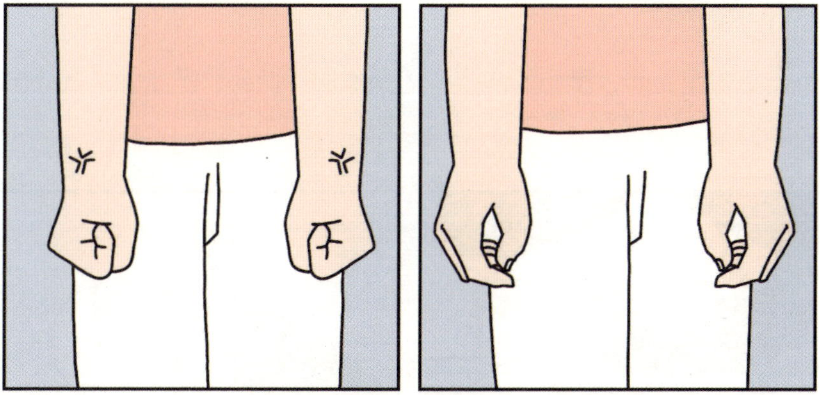

2 关注当下，关注身体，坚持日常生活中的微小目标

尝试只以体验为目的地做一件小事，而不去思考背后的意义，比如去洗个澡，专注于体验水流过皮肤的温度和触感，完成一件事情所带来的掌控感往往可以泛化到生活的其他方面。

3 去运动

无论是跑步、爬山、散步，还是瑜伽、健身、团操，尝试让自己动起来。

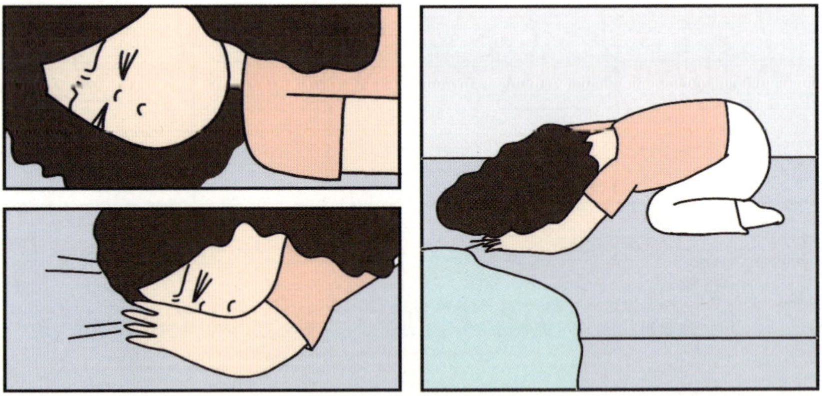

4 写日记，记录自己的情绪

写作是一种对自我的“整理收纳”，也是一种不受外界评判的表达方式，它为人提供了一种从情绪中抽离出来的途径，还可能发掘出先前没有注意到的感受，或者对外部环境和自我状态产生全新的理解。

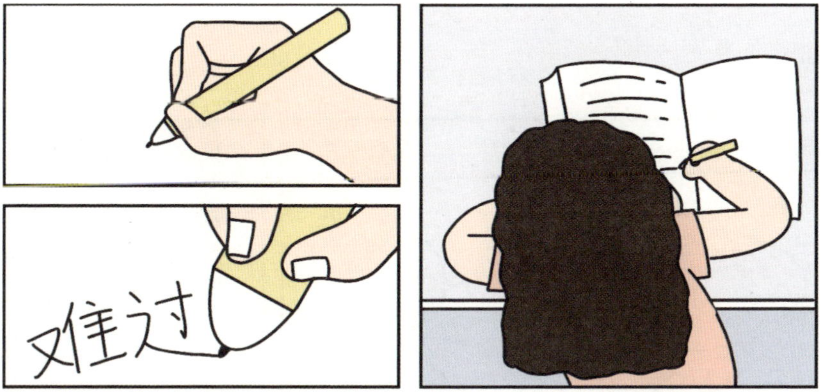

5 为自己构建一些基本生活秩序

一些看似不起眼的小事，可以为我们提供一些意想不到的生活“抓力”，使我们一点点长出内心的复原力。

6 请记得，如果无法做到也不必苛责自己

在你有能力的情况下，可以主动使用这些方法来帮助自己，但如果无法做到也不必自责。因为这些方法不一定适合所有人，也可能对你毫无效果。

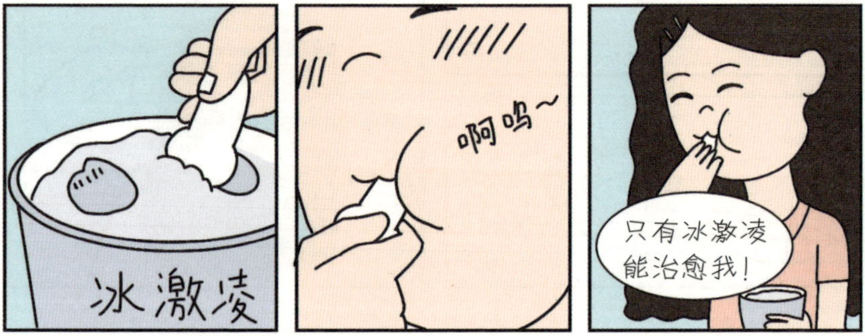

独自对抗抑郁是相当困难的，寻求帮助（不论是向家人、朋友还是专业人士）并不意味着软弱或无能，而是一种接纳和勇敢。

心理锦囊

抑郁可能是一种无时无刻无所不在的感受。

对抗抑郁，并不意味着要和它殊死决斗，

而意味着学会与我们自己的另一个部分和解与共存。

失去亲人后，悲伤会持续多久？

亲人去世后，人们通常会体会到一系列名为“丧失”的悲伤感觉。

悲伤是一种由“丧失”引发的强烈情感体验，它同时还会引起其他体验，比如：

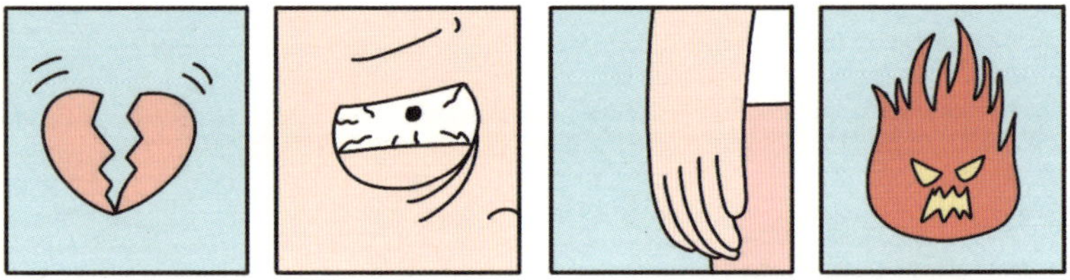

心碎　绝望　焦虑　愤怒

当人们谈论丧失时，通常谈论的是死亡。其实，任何关系的断裂（包括分手、搬家、离职、身份转变）都可能意味着一种丧失，引发复杂的悲伤感觉。

不同于短暂的难过、失落和空虚，重大丧失可能会破坏一个人的自我意识、身份连续性和情感活力。如果逝者是关系亲密的人，我们会感觉一部分自己也随之破碎、消亡了。

心理学家伊丽莎白·库伯勒·罗斯（Elisabeth Kübler-Ross）提出的“哀伤五阶段”理论，描述了人们面对重大丧失时，可能会有的情感表现。

（1）否认：悲伤是从“无法相信”开始的。

（2）愤怒：人们被迫面对丧失引起的强烈痛苦和挫败，外在可能表现为愤怒和敌意。

（3）讨价还价：内疚、绝望。

（4）抑郁：悲伤、黯淡、听天由命。

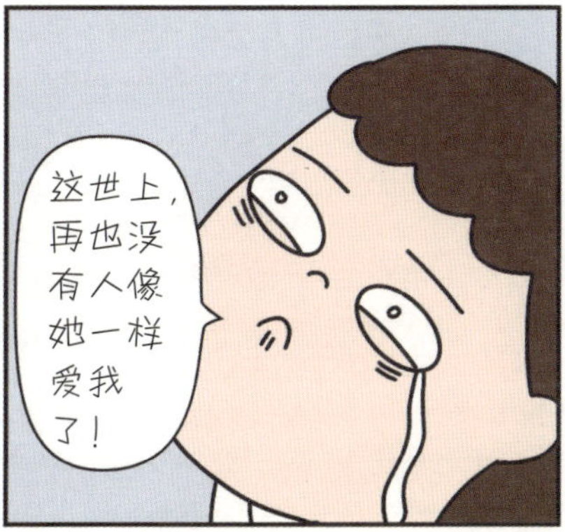

（5）接受：知道这一切都发生了，不再逃避现实。

需要注意的是，五阶段理论只是帮助人们认识哀伤的一种工具。

心理学有很多与哀伤相关的理论，但没有一个是绝对真理。因为人的情绪并不是线性发展的，体验哀伤的人不一定会经历全部阶段，也不一定会按顺序经历。

• 丧失有什么表现？

每个人对丧失的应对都有所不同。

有些人会立刻感到悲伤，也有人会延迟反应。有人的悲伤表现为刻薄、愤怒和咄咄逼人；也有人的悲伤是看不见的，他们在人群中无法感受悲伤，只在独自一人时被悲伤击倒。

以下是丧失的几种常见表现：

1 身体症状

食欲下降、睡眠困难、注意力下降、疲劳和精力不足、身体疼痛。

2 思考和感知世界的方式变化

感到不真实、困惑、恍惚，与现实有疏离和隔绝感。

3 社交退缩

可能不再参与社交活动，脱离原本的人际关系；也可能变得对周围的人充满愤怒和敌意，引发社交排斥。

4 生活方式的改变

放弃以前感兴趣的活动，疏于自我照顾（茶饭不思、不再注意卫生），日常秩序混乱（忘记睡觉或睡得太多）。

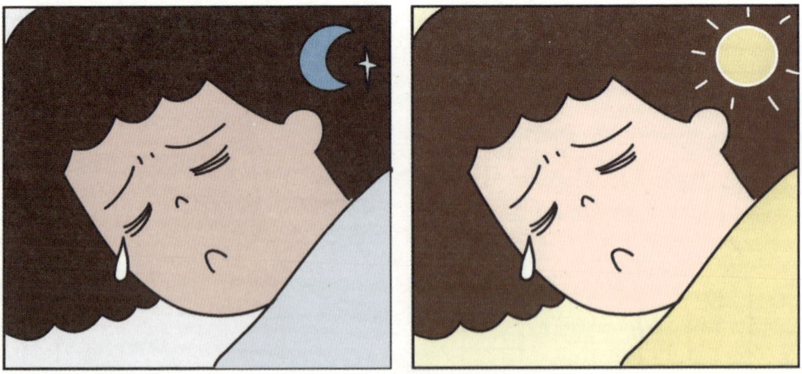

5 一系列波涛般的负面情绪

比如：

（1）愧疚、自责

活着的亲人可能会错误归因，认为是自己导致亲人去世："如果我做出正确的医疗决定就好了。""如果我更有钱就好了。""如果我能注意到早期迹象就好了。"……

（2）强烈的不公平感

如果亲人去世得太突然，经历意外或被谋杀，人们会感到公平感坍塌，被世界背弃："为什么是他？""一辈子善良、勤劳的人，为什么结局如此？"

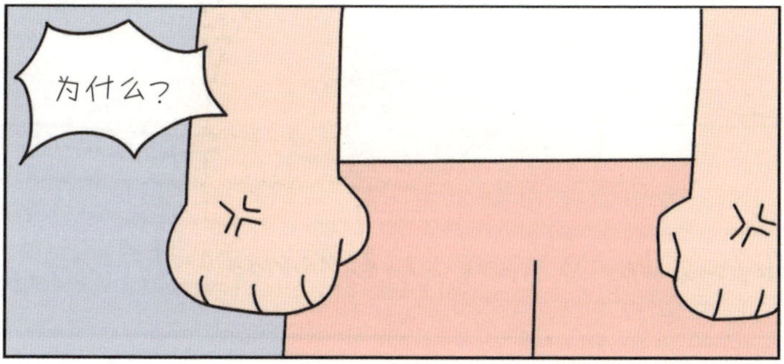

（3）愤怒、遗憾

如果活着的人与死者有大量未尽事宜（比如深爱彼此却无法表达亲近，过去的委屈和失望还没有被解决），可能会感到愤怒、遗憾所伴随的无力、失落：“我们还没有来得及……，你怎么就走了？”

（4）对死亡的恐惧

亲人去世会逼迫我们直面死亡所带来的情感冲击，提醒我们生命终将结束，死亡必将到来。

6 当悲伤过于沉重，可能是延长哀伤障碍

延长哀伤障碍是一种由丧失引发的病理性哀伤反应。

其表现为：在亲人去世6个月后，一个人的悲伤和持续思念仍强烈影响生活的各个方面，且导致社会功能受损。如果不接受治疗，延长哀伤障碍可能会引发自杀想法、睡眠障碍、药物滥用和免疫功能受损。

• 如何缓解丧亲之痛?

1 允许自己感受悲伤

面对悲伤，人们习惯通过回避、压抑或否认来应对。

当经历亲人去世时，我们往往会听到“节哀顺变”“别难过了”“想开点”“总要向前看”“生者总要活下去”……或者由于悲痛太强烈了，我们不敢体验：“我不能哭。一旦开始悲伤，我就停不下来了。”

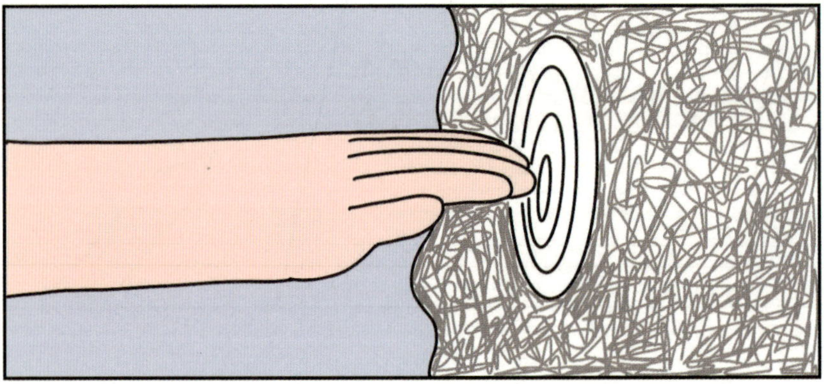

许多心理治疗师认为，应对丧失，首先要“允许自己感受悲伤”。

兰迪·波许（Randy Pausch）教授死于胰腺癌。他在著名的演讲《最后一课》中说：当房间里有一头大象时，介绍它。假装它不存在是没有意义的。因为我们人人都明白发生了什么。当你介绍它时，额外的情绪也会被带出房间。

悲伤是不能被克服的。当痛苦发生，请让它被看到。

2 发展自己的哀悼方式

参加葬礼或纪念仪式，都有助于我们安放丧痛。

对一些人来说，为逝者写纪念文章也很有帮助。在仪式或言语之外，音乐、画作，或剪辑纪念视频，都是表达哀悼的方式。

发展与逝者有关的独特的哀伤方式，将让我们有勇气面对死亡最严峻的那一面。

3 与逝者“保持联系”

在情感上重新安置逝者，找到一种让所爱之人继续“活着”的方式。

给他写信也好，定期与家人一起聊聊他过去的故事也好，又或是养一株他生前喜欢的植物，或是仅仅“记住和回想”你们在一起的时光——斯人已逝，但你仍然可以将他的一部分在生活和记忆中延续。

作家特里·普拉切特（Terence Pratchett）曾说：没有人真正死去，直到他们荡起的涟漪消散。

你可以保持关系的连续性，甚至与逝者建立一种全新的关系——以联结替代缠缚。

4 请不要一个人独自应对悲伤

你可以通过短信、电话、社交媒体或匿名倾诉与社会支持系统保持联系，也可以找到值得信赖的朋友、老师或家人一起处理。

仅仅是被陪伴、被倾听，丧亲的悲痛感就可能得到减轻。如果你感到无法承受，请联系专业的互助团体或心理咨询师。

心理锦囊

充分的悲伤是正常和必要的，

我们越不能允许自己悲伤，

就越可能被悲伤吞没。

也许时间并不会治愈一切，但它会让我们找到意义。

不要为自己的存在感到羞耻

当我们在人群中感到被排斥，受到不友好的关注，表达脆弱却遭到拒绝，或因跟别人不一样而被公开羞辱时，我们可能会产生一种强烈受挫的体验。

但是，不管别人多过分，请不要为自己的存在感到羞耻。

• 什么是“有毒的羞耻感”？

羞耻感是一种极不愉快的自我评价型情绪，其核心是痛苦的自我觉知，即“我不配”“我不够好”“我不值得”的感觉。

适度的羞耻感并非有害，它在个人和社会的良知发展中扮演重要角色，提醒我们某些行为是不恰当和不道德的，需要被纠正。

但当羞耻感过于强烈和泛化时，可能会变成一种极度痛苦的、对自己的根本否定。

与内疚、尴尬等指向行为的感觉不同，“毒性羞耻感”所侵蚀的是一个人的自我意识。毒性羞耻感令人将注意力置于外部对自我的评价上，人们感到自己本身存在缺陷，不够好，甚至毫无价值。从本质上讲，羞耻是对人格的贬低。

当一个人内疚/尴尬时　　当一个人羞耻时

毒性羞耻感不仅促使人们自我孤立，激发防御性、报复性的愤怒，阻碍行为改变，还可能引发一系列心理症状，比如抑郁、焦虑、进食障碍和社交恐惧症。

• 毒性羞耻感可能会有的表现

（1）脸红、心悸，回避目光接触。

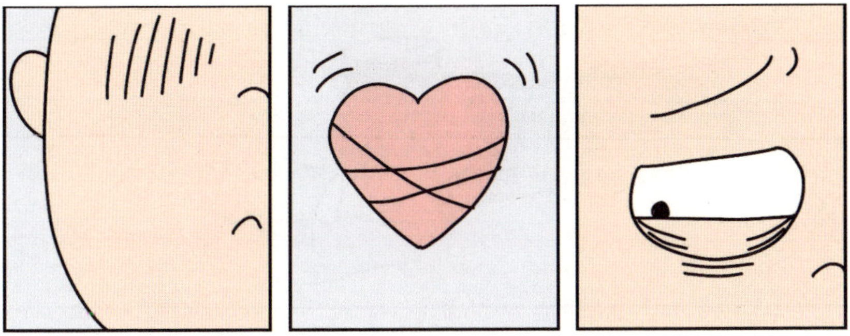

（2）退出社交，想要躲藏或逃离一切人际关系。

（3）隐藏或分散他人对自己可耻行为的注意力（并可能会有欺骗行为）。

（4）自我贬低，认为自己永远不够好，愚蠢、无能，比不上别人（哪怕这并非事实）。

（5）认为自己不配拥有一切美好的事物，也不值得被爱。

（6）拒绝看到自己的外貌或身体部位。

（7）**完美主义，拥有“自恋”的理想化自我。**

（8）**感到比其他人优越、高高在上。**

比如通过用高标准指责别人，使别人感到羞耻的方式，来转移自己无法承受的羞耻感。

• 有毒的羞耻感是如何形成的？

心理学家约瑟夫·布尔戈（Joseph Burgo）认为，羞耻感有四大来源：

1 无回应的爱

袒露脆弱、表达爱意，却没有收到预期的回应，甚至被践踏或藐视时，我们可能会感到羞耻，认为“我果然是不值得被爱的”。

2 被排斥，感到与身边的社会环境缺乏联结

当我们被所属的团体孤立、排斥，感到格格不入时，也可能会感到羞耻。我们觉得不合群的原因在自己。

3 以非自愿的方式暴露在众人面前

比如不小心把本该发给伴侣的照片发到了工作群里。这可能会激发羞耻感，感到一种群体压力，觉得“所有人都将嘲笑我”。

4 期待落空

想象中的自己很优秀、很完美，却被心仪的公司拒绝、在竞赛中排名平平。面对与期待完全不匹配的现实，羞耻感会对我们说："你真差劲！""你根本比不上别人。"

这些可能引发羞耻的场景，人人都会遇到。但为什么有些人可以一笑了之，有些人却被毒性羞耻感长久地折磨？

大量临床咨询案例显示，毒性羞耻感来源于童年时期的不良互动经历。尤其是身处无助或脆弱状态时（比如未成年时），遭遇过有权势者或高位者（比如父母、老师）的审视、忽略或嘲笑。

当我们还是个孩子时，若养育者没有尽到照顾职责（比如忽视孩子的基本需要，饿了不喂养，哭了不安抚；长大后经常批评、忽视孩子，对孩子大吼大叫），那么孩子可能会内化一种核心羞耻感："我不值得被爱，我的存在本身令人讨厌。"

这类扭曲的信念，是孩子为了自保而形成的盔甲，并不是先天的认知缺陷。

• 如何对抗"有毒的羞耻感"？

1 倾听自己的羞耻

羞耻感是一种很有价值的情绪。它不仅告诉我们对自己哪里不满意，还暗示了我们关心什么，想要一种什么样的生活。

利用羞耻这一“工具”，你可以更接近真实自我。当你觉察到羞耻感带来的有害之处，就可以尝试用一种建设性的方式来替代它。

2 找到有归属感的群体，互相支持

有研究表明，当我们讲出痛苦的时候，痛苦就变弱了。

只是向信任的人诉说负面情绪，就可以减轻生理和情绪痛苦。在拥有相似经历的群体中得到支持，羞耻感也会减轻。

3 善待自己，自我关怀

面对羞耻感，我们可能会下意识地自我憎恨：“我为什么不合群？”“我为什么跟别人不一样？”这些想法会形成评判性的思维螺旋，促使人们不断反刍。

请学习源源不断地给自己提供期待的爱、安全和回应。用积极的自言自语取代消极指责，相信仅仅是自己的存在就有价值。

4 学习展露脆弱，敢于对他人敞开心扉

尝试在值得信任的人面前冒一次不大不小的险。

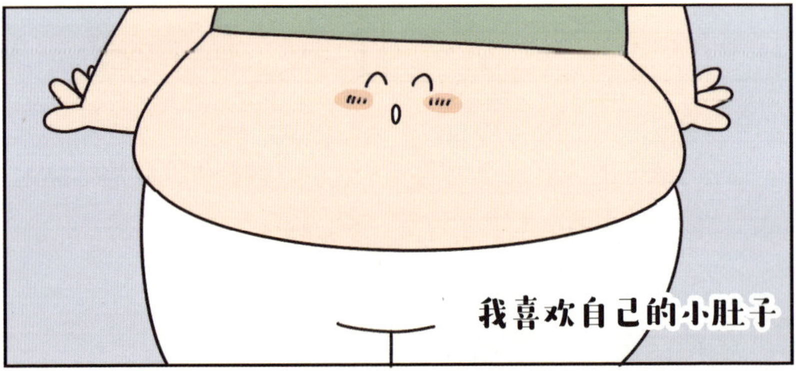

一点一点试着展露脆弱，可以培养我们对羞耻的耐受力。我们并不是要完全消除羞耻，而是需要刻意练习，让自己可以耐受羞耻（而不被过度羞耻压倒）。

5 赞美平凡，拥抱真实

今天开始，学习做一个平凡的人。对深陷羞耻感的人来说，这并不容易，他们可能在严厉的评价和完美主义中生活了太久，以至于将自我苛责视作稀松平常的事。

你可以卸载那些充满不真实滤镜的软件，限制激发焦虑的信息来源；庆祝自己完成的一件“平凡小事”，赞美“不必完美”的身体，增强自我价值感。

平凡并不是缺陷，而是一种最朴素的真诚。

心理锦囊

毒性羞耻感是一个时刻在你耳边

批评“你不够好”的声音。

但在大多数情况下，

这个声音来自童年的自己。

羞耻感曾保护我们走过来时的路，

但当这副童年的盔甲变得沉重，

或许我们也可以扔掉它——

这就是真实的我，独特、平凡、有价值。

好好吵架指南

真希望能好好吵一次架啊——那种不会互相伤害，不是一味发泄情绪，吵完可以解决问题或者增进关系，能让彼此更了解对方的“好好吵架”。

• 如何好好吵上一架？

1 识别自己的情绪触发开关

当人在感受到威胁（比如遇到他人的否定、轻蔑、冤枉、攻击等）时，大脑的情绪中心——杏仁核会触发“战”“逃”或“僵”的本能反应，当人们选择战斗时，争吵便随之发生。

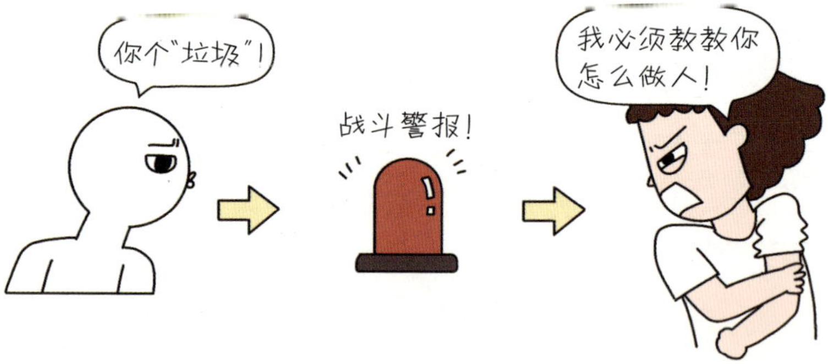

但是，你可能发现自己在某些情形下会“过度反应”。

这可能与早年的一些创伤（比如不被身边人尊重）有关；当相似的外部情形再次到来时，便可能触发创伤开关。

识别自己的情绪触发点，有助于双方在吵架时吵“同一件事”，而不是使争吵成为过往创伤带来的叠加反应。

2 当情绪脑占据上风时，给自己一点冷静时间

如果你心跳加速、呼吸急促、声音变调，说明情绪脑已占据上风。此时立刻与对方争吵，可能会激化矛盾。

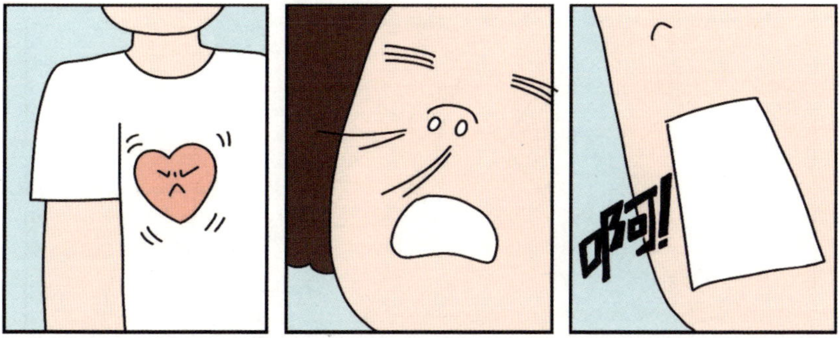

如果你想好好吵架，请先给自己一点冷静的时间——可能是几分钟、几小时，甚至是几天，但这并不意味着回避冲突、不去解决。

你们可以约定一个暂停词，吵架时无论是谁喊出了这个词，双方就停下来，给彼此一些平复情绪的时间。

3 在激烈的争论之中，依然倾听对方

好的争吵，需要双方用心听到对方在激烈的情绪下真正想要表达的是什么。

倾听并不意味着你需要认同对方的观点；也不是听对方说完，然后想着怎么反驳。

真正的倾听是关注对方的感受和观点，让对方感觉被看见、被理解。

4 关注深层需求，用非指责性的语言表达出来

许多争吵表面是观念分歧，实则是一些基本的心理需求（被尊重、安全感、控制感）未被满足。

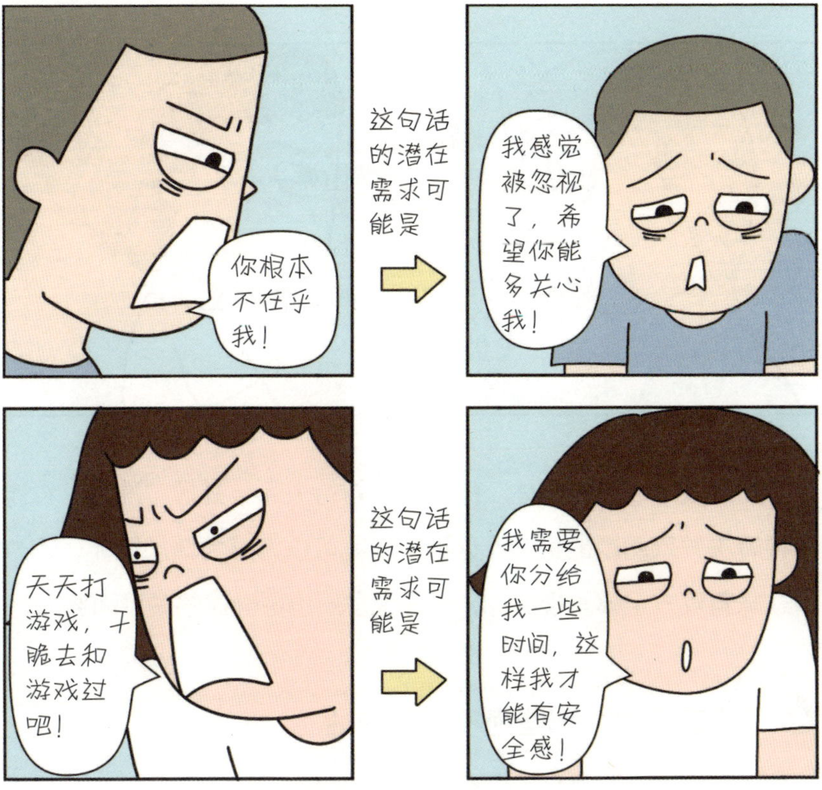

能够直接表露脆弱，不仅是一种更成熟的吵架方式，也是关系的黏合剂。当我们学会在争吵中展现脆弱而非攻击，表达需求而非指责，就能让关系良性发展。

5 减少“非此即彼”的意识，聚焦共同利益

吵架的目的并不在于一决高下。你并不需要通过“战胜”一个人，才能证明自己是对的。

如果双方以“共同体”的方式来看待关系，并把“冲突”看作一种解决关系问题的机会，这种争吵就可以为感情增加抗体。因为这意味着双方足够重视彼此，都在为发展出更健康的关系而努力。

6 设定边界：那些绝不能说的话

情绪失控并不意味着在吵架时说什么都可以。一场成熟的吵

架，必须存在一个重要前提：双方对自己的语言和行为负责，也能知道哪些是最好不要说的。

避免攻击对方最薄弱的部分，避免故意提及并贬低对方的创伤。

避免攻击人格、表达蔑视、消极防御、冷暴力等行为。

避免在公共场合争吵。

避免使用极端否定和涉及第三方的攻击性语言。

7 在争吵发生之后，记得主动修复

上面的方法说起来容易，但真正吵起来的时候可能一点都不美好。我们都吵过架（心理学家也不例外），我们都知道自己在被情绪冲昏头脑时是什么样的，有过口不择言的经历。

如果一场丑陋的冲突已经发生了，那么争吵后的修复尝试可能比冲突本身更重要。这意味着双方在经历了不愉快的争吵后仍然愿意去做些什么维系关系，而不是就此决裂。

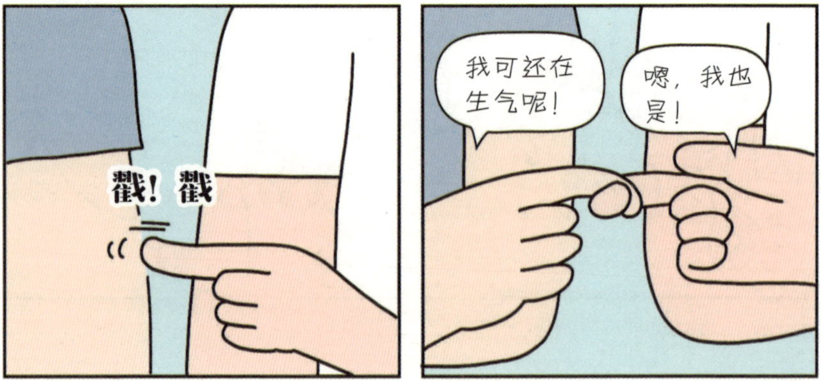

有研究发现，在争吵后的 20 分钟内进行一些小型的连接尝试——比如互相眨眼、发出邀约、轻触手背等，会对重建信任很有帮助，因为这传递出了“关系比问题更重要”的信号。

心理锦囊

不管是伴侣、家人、朋友还是工作伙伴，

能有好好吵一架却不破裂的关系，

其实并不容易。

吵架虽然不愉快，

但争吵中的你们都在表达需要。

此刻的你们更真实。

如果能从冲突中成长，

关系就会变得更亲密。